AF494664

GÉOLOGIE ENFANTINE

LA

GÉOLOGIE

ENFANTINE

PAR

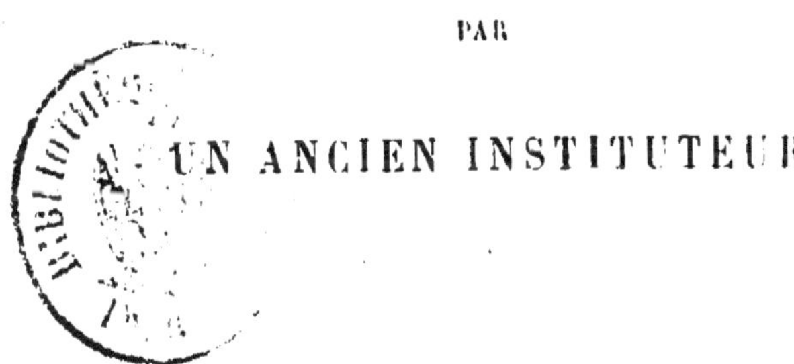

UN ANCIEN INSTITUTEUR

PARIS

CÉLESTIN GAUGUET, LIBRAIRE-ÉDITEUR

18, rue Hautefeuille, 18

COLLECTION DE BONS POINTS

ET RÉCOMPENSES DIVERSES

Bon Point simple.	200 à la feuille.
—	84 —
—	65 —
—	40 —
Bon point d'analyse, d'anglais, d'arithmétique, d'assiduité, de calcul, de catéchisme, de chant, de contentement, de dessin, d'écriture, d'évangile, de géographie, de grammaire, d'histoire, de lecture, de musique, d'orthographe, de piano, de piété, de politesse, de propreté, de récitation, de religion, de sagesse, de solfége, de travail, de travail à l'aiguille, etc.,	40 à la feuille.
Petit Bon point, divisé par 5, 10, 15 et 25,	200 —
Bon témoignage,	36 —
Notes hebdomadaires, divisées par assez bien, bien, très-bien,	21 —
Billet d'exemption, avec lequel l'élève peut se libérer d'une punition,	21 —
Billet d'application, valeur 5 bons points,	21 —
Billet de satisfaction, valeur 10 bons points,	15 —
Billet d'excellence, valeur 100 bons points,	15 —
Billet d'honneur, valeur illimitée,	8 —
Mention honorable,	8 —
Carte de mérite,	8 —
Récompense hebdomadaire, qui se distribue aux élèves tous les samedis comme témoignage de leur application au travail,	8 —
Récompense mensuelle , qui est décernée à l'élève studieux à la fin de chaque mois,	8 —
Parfait contentement,	8 —
Id. à l'usage seulement des communautés religieuses,	8 —

Toutes ces feuilles sont imprimées sur demi-raisin et se vendent séparément en couleur, 10 c.
En or, 15 c.

Tableau d'honneur, sur raisin. Prix : 1 fr.

GÉOLOGIE

NOTIONS GÉNÉRALES

La Géologie est la science qui s'occupe de l'histoire des corps bruts, inertes et inorganiques, qui forment la planète que nous habitons.

Ces corps bruts, inertes ou inorganiques, sont connus de tous, au moins comme aspect général, et ne sont autre chose que les pierres nombreuses et variées qu'on voit chaque jour.

La Géologie n'a pas seulement pour but de connaître par leurs noms les différents matériaux qui constituent notre sol; son étude serait alors très-facile et ne nécessiterait qu'un léger effort de mémoire. Son objet principal est double. Elle a d'abord pour but d'étudier la structure, la situation respective et la nature des roches qui composent le globe terrestre; puis de rechercher les lois qui ont présidé à la formation des diverses parties de la terre et à l'origine même du globe.

La Géologie est donc une science non moins vaste que la Zoologie et la Botanique, et par suite, d'une utilité non moins grande.

Les travaux des savants qui ont consacré leur génie à l'étude de la Géologie, ont révélé des faits d'une importance considérable, qui, groupés ensemble, sont devenus l'objet d'une science à part et nouvelle, créée par le Français immortel Georges Cuvier, c'est la *Paléontologie.* Elle a pour but : l'étude des êtres organisés qui ont vécu à la surface du sol dans les siècles antérieurs à la dernière dislocation que notre globe a subie, êtres organisés dont les débris sont enfermés dans les différentes couches, dont la réunion forme la *croûte* ou *écorce terrestre.*

La Géologie et la Paléontologie sont donc deux sciences, dont l'étude doit être simultanée, car leur connaissance est indispensable pour l'histoire des révolutions qui ont tant de fois modifié la surface de notre planète.

Ici, nous ne parlerons que de la Géologie en général ; cependant pour ne pas exclure complétement la Paléontologie, sa sœur, nous en dirons quelques mots.

CHAPITRE Ier

Généralités sur la Terre.

La Terre, comme chacun le sait, est un globe ou boule immense, isolé dans l'espace, c'est-à-dire ne tenant à aucun corps par aucun de ses points.

Elle tourne sur elle-même autour d'une ligne imaginaire passant par son centre, ligne qu'on appelle *axe de rotation*, comme le fait une roue autour de l'essieu. Les deux points opposés où l'axe rencontre la surface de notre planète sont appelés les *pôles* ; et la ligne qu'on tracerait sur cette surface, autour de la boule, à égale distance de ces pôles, est appelée *équateur*.

La Terre, cependant, n'est pas aussi ronde qu'une bille de billard, ou que les globes terrestres qui la représentent. Elle est légèrement aplatie à ses pôles et renflée à son équateur. Sa surface aussi est inégale, c'est-à-dire qu'elle n'est pas unie comme une glace. Elle présente de nombreuses éminences, connues sous les noms de collines et de montagnes, dont la hauteur est souvent considérable par rapport à la taille de notre corps, et des cavités également énormes et nombreuses qui constituent les vallées, les mers et les lacs.

Au premier abord, il semble que ces irrégularités de la surface doivent empêcher la terre

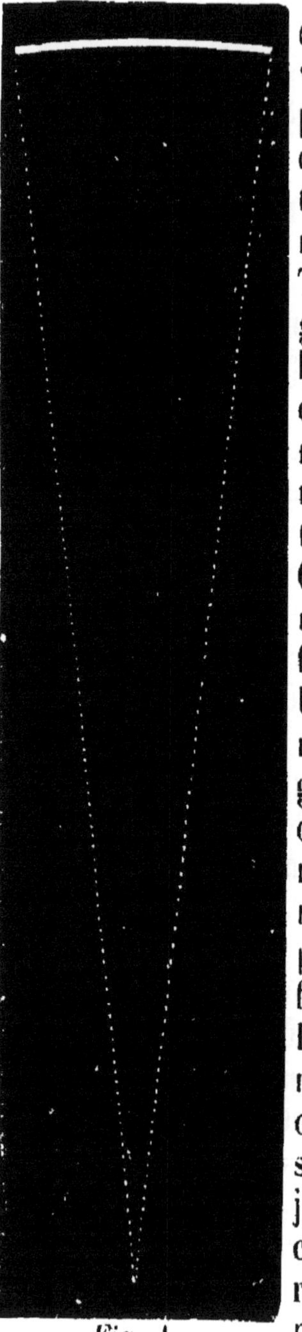
Fig. 1.

d'être sphérique. Pour se convaincre qu'elles ne peuvent produire ce fait, il suffit de comparer la hauteur des montagnes et la profondeur des mers aux dimensions de la Terre. La plus haute montagne atteint 9,000 mètres d'élévation au-dessus du niveau de la mer et la profondeur des mers est en moyenne de 4,800 mètres. Or, que sont ces distances en comparaison des 6,367 kilomètres ou 6,367,000 mètres qui existent, de la surface au centre de notre planète? Une légère fraction évidemment. La hauteur des montagnes et la dépression du bassin des mers ne sont donc que des rides insignifiantes de l'énorme masse de la terre et ne peuvent influer en rien sur la forme générale de la planète. Dans la figure 1, sur laquelle nous reviendrons plus loin et qui représente la coupe d'un secteur de notre planète jusqu'à son centre, il serait complétement impossible de représenter la plus haute de nos montagnes. Le trait de crayon le plus fin que l'on pourrait tracer à la surface extérieure de la bande blanche, serait peut-être encore trop considérable. Donc la Terre est ronde, malgré les inégalités de sa surface.

L'aplatissement des pôles et le renflement de l'équateur modifient sa forme générale d'une manière plus notable, car ils font différer sensiblement la forme de la Terre d'une sphère parfaite. Les géomètres appellent la forme vraie de la Terre un *ellipsoïde de révolution*.

On démontre en mécanique, qu'un corps auquel on communique un mouvement de rotation autour d'un centre, acquiert une force appelée *force centrifuge*, qui tend constamment à éloigner ce corps de son centre de rotation. Si l'on fait une sphère en terre glaise bien molle, qu'on la traverse de part en part avec une tige quelconque, et qu'on communique à cette tige et par suite à la boule un mouvement de rotation d'abord lent, puis de plus en plus rapide, on verra cette boule s'aplatir dans le sens de la tige, c'est-à-dire à ses pôles, et renfler au milieu ou à son équateur. Si au lieu d'employer une matière molle, on se sert d'une substance solide et résistante, comme l'ivoire ou le fer, pour fabriquer cette boule, et qu'on la soumette à la même expérience, la boule ne s'aplatira pas à ses pôles et ne se renflera pas à son équateur, à cause de la résistance de la force qui unit entre elles les molécules des corps solides employés.

La conséquence à tirer de ce fait est que la terre étant solide, au moins à sa surface, et ne pouvant s'aplatir par suite de cette solidité, a dû être liquide ou molle à une époque passée, pour avoir la forme ellipsoïdale qu'on lui a reconnue.

Les expériences et les théories physiques ont appris, que si l'on place dans un vase plusieurs substances liquides de poids différents, comme du mercure, de l'eau et de l'huile, et qu'on mélange ces liquides en les agitant, ils ne tarderont pas à se séparer et à se superposer, suivant la grandeur de leur poids, le mercure au fond, l'eau au milieu et l'huile à la surface; c'est-à-dire, que dans une masse formée par plusieurs corps, les plus lourds sont toujours au fond et les plus légers à la surface.

Dans une masse sphérique comme la Terre, le fond est le centre. Si la terre est composée, ainsi que nous le verrons plus loin, de matières de poids différents, on comprend que, si elle a été liquide, les parties les plus lourdes se seront portées au centre et les plus légères à la surface. Or, le poids moyen des matières, que nous connaissons à la surface de la terre, n'est que la moitié du poids moyen de toutes celles qui la constituent; donc au centre, il doit se trouver des matières beaucoup plus lourdes que celles que nous connaissons. La conclusion de ce fait est donc : qu'à une époque passée, la Terre a dû être liquide pour que cet équilibre ait pu s'établir.

Cette conclusion est en tout semblable à celle que nous avons tirée de la forme de la Terre.

On peut donc admettre, avec la plupart des géologues, que la Terre a primitivement été à l'état liquide.

Nous venons de parler du poids moyen des matières qui composent la Terre. Les matières centrales, beaucoup plus pesantes que les superficielles, nous étant inconnues, il a fallu, pour arriver à la connaissance de leur densité, peser la masse terrestre. Il fut une époque, où l'homme qui aurait parlé de tenter une telle expérience eût été accusé de folie. Mais, aujourd'hui, que la science a fait des progrès considérables, ce fait a pu être accompli sans étonner. Plusieurs savants distingués se sont occupés de cette recherche, et leurs magnifiques travaux ont démontré : qu'un litre, ou décimètre cube, de la matière générale de la terre pèse 5 fois 6/10e de fois plus que l'eau, c'est-à-dire, 5 kil. 6. On a donc pu estimer le poids total de la Terre, et ce poids est de 6,259,534 milliards de milliards de kilogrammes, ou

6,259,534,000,000,000,000,000,000 kilogr.

Quand on descend dans l'intérieur de la Terre, on constate ce fait remarquable : que la température s'accroît continuellement. Chaque fois qu'on s'enfonce de trente mètres, on voit le thermomètre monter de 1 degré. Si cet accroissement de la température se continue jusqu'au centre, à 3,000 mètres de profondeur, on doit trouver la température de l'eau bouillante ; à 20 kilomètres, presque tous les corps que nous connaissons doivent être fondus ; et le centre doit se trouver à une température prodigieuse, dont nous ne pouvons nous faire aucune idée, car elle dépasse 200,000 degrés.

Les sources d'eau chaude, connues sous le nom de sources thermales, nous montrent clairement que la température s'accroît au-delà des limites que l'homme a pu atteindre; et suivant la généralité des géologues, les volcans sont une preuve de plus en faveur du même fait.

La théorie qui admet cette augmentation de température conclut donc : à former la Terre d'un noyau immense de matières fondues, recouvert d'une croûte solide à laquelle on ne peut accorder une épaisseur de plus de 40 kilomètres. La fig. 1. dont nous avons déjà parlé, montre la valeur relative de ces deux parties. Elle représente la coupe d'un secteur de notre planète jusqu'à son centre; l'intervalle compris entre les deux lignes ponctuées et la bande blanche est occupé par les matières fondues, et la bande blanche représente la croûte solide reposant sur ce vaste océan de feu.

Les géologues qui admettent le feu central, pensent aussi que ce feu est le résultat de la fusion primitive du globe, c'est-à-dire, que dans le principe, toute la Terre aurait été liquide par suite d'une température énorme. Cette fluidité aurait été la cause de la forme ellipsoïdale de notre globe. Se refroidissant peu à peu, et par sa surface, comme cela a toujours lieu, la Terre se serait solidifiée lentement à l'extérieur, et aurait fini par avoir la constitution générale dont nous venons de parler.

Si cette solidification superficielle ne se continue pas, cela tient uniquement à ce que les matières de l'écorce sont peu ou point conductrices du calorique, et que par suite, les matières centrales conservent leur chaleur primitive et restent toujours liquides.

Cette théorie est la plus répandue et celle qui se professe en France. Cependant, il est d'autres géologues éminents qui enseignent une théorie contraire. Pour eux, la Terre est complétement solide, et l'accroissement de température n'est pas indéfini. Selon ces derniers, la chaleur centrale ne dépasserait pas quelques centaines de degrés et n'aurait pas pour cause l'incandescence primitive; les actions chimiques intérieures et les actions physiques moléculaires seraient seules les sources de cette faible température interne. Dans cette hypothèse, les volcans ne sont plus des phénomènes généraux, des soupiraux de la fournaise immense qui nous supporte, mais des phénomènes purement locaux, résultant d'actions chimiques spéciales.

Nous n'avons pas à discuter ici laquelle de ces théories est la meilleure, nous nous contenterons de les avoir signalées et de dire, que la presque généralité des géologues français préconise le feu central.

Nous parlerons donc de l'écorce terrestre comme d'un fait acquis et nous dirons que cette écorce terrestre n'est pas homogène, c'est-à-dire composée d'une matière unique et toujours semblable à elle-même. Elle est formée, au contraire, d'un grand nombre de matériaux différents, de constitutions diverses, auxquels on donne le nom général de *Roches*. Diverses roches ont quelquefois beaucoup d'analogie entre elles et paraissent avoir été formées dans les mêmes conditions.

La réunion de ces roches qui semblent être le résultat de formations identiques, est connue sous le nom de *Terrains*.

Dans ce cours élémentaire de Géologie, l'étude des terrains occupera la plus large place ; celle des roches, au contraire, aura peu d'étendue. Du reste, dans les quelques pages que nous consacrerons en terminant à la Minéralogie, nous en donnerons un aperçu suffisant pour cet abrégé.

CHAPITRE II

Causes modificatrices de la surface du sol.

Avant d'entrer dans le détail des terrains constituant l'écorce terrestre, il est indispensable d'examiner les faits qui peuvent faire varier la composition des roches et des terrains, c'est-à-dire les faits qui peuvent modifier la surface du sol.

Les faits qui se sont passés dans les époques antédiluviennes nous sont inconnus, et ne peuvent être appréciés que par leurs résultats. Mais en étudiant attentivement ceux qui se manifestent chaque jour sous nos yeux, on peut arriver par déduction, à connaître ceux qui, à ces époques reculées, ont produit les nombreux bouleversements dont nous retrouvons les traces à la surface et dans les entrailles de la terre.

Ces faits, ou plutôt ces causes modificatrices, sont de deux ordres : les unes sont internes, c'est-à-dire viennent de l'intérieur de la terre, les autres au contraire sont externes.

Les *actions internes* sont de trois espèces ; elles ont pour causes principales : les *tremblements de terre*, les *volcans* et les *soulèvements*.

Les *actions externes* sont de deux espèces : les *effets atmosphériques* et les *effets des eaux*.

De ces cinq causes principales, nous allons parler successivement.

SECTION I

§ 1

Les Tremblements de terre.

Les tremblements de terre sont des phénomènes quelquefois locaux, quelquefois généraux, ayant presque toujours un centre principal d'action, qui se manifestent parfois sans désastres, mais le plus souvent, qui occasionnent des malheurs épouvantables. Les annales de tous les peuples contiennent des récits navrants de ces fléaux, que rien ne peut faire pressentir, car il n'est pas une contrée qui n'ait eu à souffrir de leurs terribles ravages.

Ainsi que leur nom l'indique, les tremblements

de terre sont des ébranlements, des secousses plus ou moins intenses, qu'éprouve l'écorce terrestre de l'intérieur à l'extérieur, par l'effet d'une force interne.

Ces ébranlements ne se produisent pas d'une manière quelconque. Quelquefois le sol oscille dans une direction horizontale, d'une façon analogue au roulis qu'éprouve un vaisseau sur une mer agitée. D'autres fois, c'est une espèce de trépidation, comme si le sol était frappé dans un point unique. Enfin le sol peut éprouver un mouvement de tournoiement.

Les tremblements sont presque toujours de peu de durée; quelques secondes, et des villes sont anéanties, des milliers d'hommes tués, d'immenses terrains bouleversés, enfoncés ou soulevés, quelquefois calcinés par les feux terribles de nouveaux volcans. Souvent aussi, ils ont une durée effrayante. des jours, des mois, des années mêmes! Au Pérou, on a vu des tremblements de terre répéter chaque jour leurs secousses mortelles pendant plusieurs années consécutives!

Que de bouleversements ne sont pas engendrés par de semblables convulsions de la nature?

Les villes sont détruites, envahies par les eaux, ou plongées dans des gouffres sans fonds qui se referment sur leurs décombres; les continents s'enfoncent sous la mer, ou leur surface s'accroît de vastes espaces que les eaux laissent à nu; les plaines fertiles deviennent souvent des régions montagneuses et arides, et là, où de majestueuses cimes élevaient vers le ciel leur front glacé, d'immenses horizons se découvrent. La terre est crevassée, déchirée, et de ces nombreuses fissures, formées instantanément, il s'échappe des gaz, des vapeurs, des flammes, des torrents d'eau et de boue.

Le nombre des tremblements de terre enregistrés est vraiment considérable, et depuis qu'on les note avec soin, leur nombre déjà prodigieux, paraît s'augmenter annuellement.

Nous ne décrirons ici aucun d'eux en particulier; nous nous contenterons de rappeler quelques-uns des plus importants.

En 1693, Catane et quarante-neuf autres villes de la Sicile furent détruites, et 100,000 personnes périrent.

En 1746, la ville de Lima, qui avait été détruite treize fois déjà depuis 1582, le fut encore; le Callao, port de cette ville, fut emporté par la mer avec ses 4,000 habitants; deux cents seulement purent s'échapper.

En 1755, Lisbonne ressentit le plus violent des tremblements de terre qu'ait éprouvés l'Europe. Il dura 6 minutes, et pendant ce court espace de temps, la ville fut détruite, et le port englouti avec une multitude de personnes qui s'y étaient réfugiées et dont les cadavres ne revinrent jamais à la côte. Plus de 60,000 personnes périrent.

De 1783 à 1786, la Calabre fut le théâtre d'un effroyable désastre; neuf cent quarante-neuf secousses effroyables détruisirent tout, villes et villages, dans un rayon de vingt milles, tuèrent

40,000 personnes et en firent périr 20,000 autres de misère et de maladie.

Pour terminer ce triste tableau des effets des tremblements de terre, citons quelques faits curieux.

En Calabre, en 1783, la tour de Terra-Nuova fut coupée verticalement en deux, comme un rasoir eût pu le faire, sans désarticuler une seule des pierres qui la composaient, et l'une des moitiés fut élevée de manière que ses fondations sortaient du sol.

Au Chili, en 1822, trois palmiers voisins s'enroulèrent les uns sur les autres, comme de simples baguettes flexibles.

En 1828, à Cumana, un vaisseau se trouvait à l'ancre; il fut tout à coup entouré d'un brouillard épais et l'on entendit un bruit semblable au tonnerre lointain. Le navire éprouva un choc terrible et la mer rendit un son analogue à celui que produit le fer rouge quand on le plonge dans l'eau. Une odeur de soufre se répandit dans l'espace et une multitude de poissons morts vinrent flotter autour du vaisseau. Quand on retira l'ancre, on reconnut que la chaîne avait commencé à fondre et que les anneaux étaient considérablement allongés.

Il existe un grand rapport entre les tremblements de terre et les phénomènes volcaniques, ce qui fait que ce phénomène s'explique également par le fait de la chaleur centrale et de pressions énormes que les gaz intérieurs doivent exercer contre les parois inférieures de l'écorce terrestre.

§ 2

Les Volcans.

Les volcans sont des montagnes, plus ou moins élevées, ou des parties du sol, soit à la surface des continents, soit au fond des mers, d'où s'échappent avec bruit des flammes, de la fumée, des matières fondues ou altérées par le feu, des vapeurs, des gaz, etc., etc.

On admet généralement que les volcans sont les soupiraux de notre fournaise centrale, par lesquels le trop plein de cette mer de feu se déverse à l'extérieur. La connexité qui existe entre les tremblements de terre et les volcans, sert de preuve à cette théorie ; car il est incontestable qu'un grand nombre de tremblements de terre cessèrent leurs ravages quand un volcan voisin ou éloigné se mit à vomir ses torrents de lave.

Ils ont généralement leur ouverture au sommet d'une montagne, qui n'est elle-même que le résultat de la première action du volcan sur la croûte terrestre. Cette montagne est presque toujours de forme conique et possède à sa partie supérieure une ouverture évasée en entonnoir appelée *cratère*.

Tous les volcans ne sont pas à la surface de la terre. Il en est au fond des mers qui sont connus sous le nom de *volcans sous-marins*. Ces derniers donnent souvent naissance, par suite du soulèvement du fond de l'Océan, à des îles volcaniques qui persistent quelquefois, mais qui n'ont souvent qu'une durée éphémère. Parmi les îles volcaniques persistantes, nous devons surtout citer le petit groupe de Santorin dans l'Archipel.

Fig. 2.

Fig. 3.

Beaucoup d'îles ou de réunions d'îlots présentent les caractères volcaniques et il est incontestable qu'ils sont le résultat d'anciens volcans sous-marins.

Les 2 figures ci-jointes représentent, l'une une vue de l'île de Palma et l'autre le plan de son cratère. Elles ont pour but de montrer la disposition générale qu'affectent les volcans sur laquelle il est impossible de nous étendre ici.

Pendant le temps que dure leur tranquillité, les volcans laissent seulement échapper des vapeurs blanchâtres ou des colonnes de fumée. Quand une éruption se prépare, au contraire, les apparences sont plus effrayantes, et des signes infaillibles annoncent son approche.

« Les premiers indices, dit le professeur Lecoq, sont des bruits souterrains qui se propagent très-loin, et agitent le sol d'une manière sensible. En même temps, la fumée paraît au sommet du volcan ; elle s'élève, sa colonne augmente d'épaisseur, prend une teinte plus foncée, et monte perpendiculairement si le temps est calme et si le vent ne lui imprime pas sa propre direction. Des secousses plus ou moins violentes ébranlent la montagne, le dégagement des matières gazeuses continue d'avoir lieu ; la vapeur d'eau s'unit à une épaisse fumée que viennent sillonner quelques flammes, et bientôt s'affaissant par leur propre poids, ces épaisses vapeurs retombent sur la bouche dont elles s'échappent, en enveloppant la montagne d'un brouillard épais et fétide, qu'une lueur pâle et affaiblie vient parfois illuminer. Des sables incandescents s'élancent en gerbe et retombent sur les flancs de la montagne. Des pierres rougies sont lancées à des hauteurs immenses et retombent animées d'un mouvement de rotation rapide qui influe sur la forme qu'elles conservent après leur refroidissement. Des nuages de cendres s'échappent aussi des cratères, se mêlent aux vapeurs, et, portés par les vents, voyagent à d'énormes distances, ou bien, entraînés par les pluies, ils retombent et forment des torrents de boue d'une puissance parfois prodigieuse, qui s'étendent au pied du cône, sur les flancs duquel ils ont ruisselé. Les déjections des scories continuent, de nouvelles gerbes enflammées se font jour au milieu des masses de vapeurs noires; de nouvelles scories se joignent à celles qui gisent déjà sur les pentes; mais bientôt tous ces phénomènes semblent s'agrandir.

« La *lave*, c'est-à-dire la matière en fusion, qui depuis longtemps bouillonnait dans le cratère, brise le cône de scories, fond les roches qui la retenaient captive et s'échappe comme un fleuve de feu dont les sources ardentes semblent intarissables. On voit alors ce courant marcher avec une rapidité que déterminent et le point d'éruption et la pente sur laquelle il se répand ; on le voit grandir, avancer, s'étendre et s'élargir, on le voit lutter contre tous les obstacles, surmonter les irrégularités du sol, enflammer les forêts, envahir les villages et les champs cultivés, et couvrir des fertiles campagnes d'une couche pierreuse, impénétrable à la fois au fer des hommes et aux rayons du soleil.

« Mais enfin les sources de feu tarissent et le courant avance toujours; de nouvelles gerbes s'élèvent encore du cratère; des cendres sont lancées dans l'atmosphère ; des vapeurs se dégagent encore; puis elles cessent peu à peu et quelques fumerolles s'échappant seules des fissures du cône restent pour indiquer qu'une puissante activité sommeille, et que son réveil viendra renouveler un jour des désastres, dont Dieu seul peut connaitre l'étendue et la fin. »

La lave que les volcans vomissent, s'échappe quelquefois en quantités immenses. On estime que le Vésuve en rendit jusqu'à 11,000,000 de mètres cubes, et que l'Etna en 1669, et le Skapla-Jœkull en Islande, dans son éruption de deux années qui commença en 1783, en rendirent des torrents tels, que l'imagination en est effrayée.

Les volcans ne rendent pas toujours du feu. A Java particulièrement, ils laissent échapper d'énormes quantités d'eau sulfureuse et de boue qui ont souvent tout dévasté dans de courts espaces de temps.

Les *solfatares* sont des volcans éteints qui dégagent par leurs fissures des gaz presque toujours sulfureux.

Les *fumarolles* sont des jets de vapeurs qui s'échappent soit des volcans, soit des solfatares. Ces jets atteignent quelquefois des dimensions considérables.

Les *Geysers* sont des sources jaillissantes d'eau bouillante, qui existent en Islande aux environs de l'Hékla. Ces espèces de volcans d'eau lancent à intervalles à peu près réguliers des colonnes de 50 mètres de hauteur et de 6 mètres de diamètre.

Il est un fait digne de remarque ; c'est que tous

les volcans actifs, s'élèvent dans les îles, ou sur les *bords de la mer*.

§ 3

Soulèvements.

Ce qui vient d'être dit sur les tremblements de terre et les volcans montre que la surface du sol est sujette non-seulement à changer de configuration, mais encore à s'élever ou à s'abaisser. Mais ces *soulèvements* et ces *affaissements* n'ont pas toujours lieu de la même manière. Quand on examine les différents terrains qui constituent l'écorce terrestre, on en voit un grand nombre remplis de coquillages marins ou d'eau douce et de débris d'animaux aquatiques. Ces dépôts se montrent quelquefois sur le sommet des montagnes ou sur leurs flancs et sont souvent recouverts par d'autres terrains. Or, il n'est pas admissible que des mers ou des rivières aient pu atteindre de semblables hauteurs et y constituer sous des terrains, quelquefois d'origine ignée, des dépôts de coquillages. La seule explication possible de ce fait, est, que ces terrains à une époque reculée se sont formés au fond des mers, puis ont été soulevés par le fait d'une force interne à la place où nous les voyons. Cette explication est confirmée par des faits analogues qui se passent de nos jours. Depuis les Romains, la côte dans les environs de Naples, s'est enfoncée au-dessous du niveau de la Méditerranée et s'est ensuite relevée.

Le temple de Sérapis, sur la côte de Pouzzoles, dont il ne reste plus que trois colonnes du portique, s'est ainsi enfoncé jusqu'à 7 mètres au-dessus du pavé du temple, vers la fin du 15ᵉ siècle. Les trois colonnes ont été perforées par des coquilles du genre Pholade sur une hauteur de 2 mètres, et depuis qu'elles ont subi cette détérioration elles ont, avec le terrain environnant, reparu hors de l'eau.

Fig. 4.

Dans la mer Baltique sur une grande étendue, le fond de la mer et les rivages s'élèvent de 1 mètre 50 centimètres par siècle, tandis que dans d'autres endroits du littoral, ces mêmes parties s'abaissent.

Nous pourrions multiplier beaucoup ces exemples, mais il nous suffit d'avoir démontré que les terrains peuvent être submergés ou mis à découvert.

Pour résumer ce qui vient d'être dit des tremblements de terre, des volcans et des soulèvements, on peut donc dire, qu'il est certain que la surface de la terre peut être modifiée par ces trois causes, non-seulement comme configuration, mais encore comme composition par la présence de nouvelles roches, et par l'action de ces nouvelles roches et des déjections variées des volcans sur les terrains environnants.

SECTION II

§ 1

Effets atmosphériques.

Il reste à parler maintenant des actions des causes extérieures, les effets atmosphériques et les effets des eaux.

Les *effets atmosphériques*, quoique bien moins puissants que les précédents, ont cependant une importance considérable. Les alternatives d'humidité et de sécheresse, de chaleur et de froid, désagrègent assez rapidement un grand nombre de roches qui se séparent en fragments plus ou moins volumineux qui s'amoncellent aux pieds des montagnes, et finissent à la longue par former avec les débris des animaux et des végétaux, des terrains meubles d'épaisseur variable, qui constituent la terre végétale.

Les vents exercent aussi une influence notable. Leur effet sur la désagrégation des roches est, il est vrai, peu considérable ; mais leur action devient importante sur les terrains meubles et les dépôts de sables fins. En Perse, les vents étendent chaque jour les limites du désert, qui empiète ainsi continuellement sur des terrains jadis fertiles et engloutit sous ses collines mouvantes des cités autrefois puissantes dont on ne trouve plus aucun vestige. Les dunes sont aussi le résultat de l'action des vents.

§ 2

Effets des eaux.

Les eaux sont les agents extérieurs les plus puissants, pour modifier la surface du globe ; plusieurs raisons en sont cause. L'eau dissout un grand nombre de matières minérales en quantité plus ou moins considérable, suivant son état de pureté : ainsi quand elle tient préalablement en dissolution du gaz acide carbonique, elle est susceptible de dissoudre des proportions notables de carbonate de chaux dont les diverses variétés constituent la pierre de taille, le marbre, etc., etc.

Cette propriété de dissolution jointe à son action délayante est une cause considérable de modifications pour les terrains de la surface et de l'intérieur du sol où passent les nappes souterraines.

Si, au lieu d'examiner les effets physiques des eaux, on envisage les effets mécaniques, on voit que leur action n'est pas moins puissante. Les ruisseaux et les torrents qui descendent des montagnes, entrainent toujours avec eux des particules terreuses arrachées aux terrains constituants; ces ruisseaux et ces torrents, qui se rendent presque toujours à des rivières ou à des fleuves, conduisent à ces derniers ces masses solides de compositions diverses, qui en constituent le *limon*. Si ces fleuves, au moment des grandes eaux, débordent sur les campagnes environnantes, ils y laissent déposer une partie de leur limon, qui forme alors ce qu'on nomme des *alluvions*. Ces alluvions se déposent aussi sur les rives du fleuve, sur son lit, élevant ainsi le niveau des eaux, et forment souvent à leur embouchure des atterrissements qui empiètent sur le domaine de la mer, atterrissements qu'on connaît généralement sous le nom de *Deltas*, à cause de la forme spéciale qu'ils affectent. De tous côtés, on rencontre des exemples de ces faits. Pour n'en citer que deux, nous nommerons le Pô, qui transporte une telle quantité de matériaux arrachés aux Alpes, que son lit dans certains endroits se trouve aujourd'hui au-dessus des maisons construites jadis sur ses rives, ce qui nécessite chaque année l'exhaussement des digues construites pour le maintenir; et le Nil, dont les débordements annuels couvrent l'Egypte d'un limon fertile et qui forme à son embouchure un delta considérable qui s'accroît continuellement.

Si les rivières comblent ainsi leur ancien lit et recouvrent leurs rives d'alluvions, il est incontestable, et leurs deltas le prouvent, que leurs dépôts ne sont pas confinés seulement à leur cours; elles déversent aussi dans la mer une partie considérable des matières qu'elles charrient et forment ainsi au fond des bassins marins des dépôts plus ou moins considérables. Ces dépôts formés par les cours d'eau contiennent non-seulement les matières minérales arrachées aux terrains qu'ils traversent, mais encore des débris d'animaux et de végétaux. Le Mississipi, le plus grand fleuve de l'Amérique septentrionale, transporte chaque jour à la mer des centaines de milliers de mètres cubes de bois enlevés à ses rives ou à celles de ses affluents; ces débris, qui s'accumulent sans doute au fond de l'Océan, constitueront des dépôts de combustibles analogues à ceux que nous exploitons aujourd'hui.

Les mers modifient aussi considérablement la surface du sol. Le mouvement continuel des vagues détruit les rivages et entraîne dans les profondeurs de l'Océan des quantités de matériaux arrachés aux côtes. Les roches les plus dures ne peuvent résister à leur action puissante, surtout lorsqu'elles déferlent avec la fureur de la tempête. Les côtes sont rongées par leur base, c'est-à-dire par leur point d'affleurement. Chaque jour une parcelle se détache, et parcelle par parcelle, la

Fig. 5.

partie inférieure disparaît. Il arrive alors un moment où la résistance des matériaux supérieurs n'est plus assez grande pour maintenir la masse en position, et ce qui, par sa situation avait résisté à l'érosion des eaux, s'abîme à son tour.

Et cet ensemble immense de matériaux de toute grosseur, de toute nature que l'Océan renferme est sans cesse remué, ballotté, transporté dans tous les sens; ils s'usent, se désagrègent complétement ou se polissent, et quand leur nature les fait résister à la destruction complète, ils sont repoussés sur les rivages, où ils constituent quelquefois des amas considérables de cailloux roulés, ou de galets qui forment les plages, les levées et les cordons littoraux.

La mer produit aussi des atterrissements comme les fleuves, et dans beaucoup d'endroits les alluvions marines couvrent les côtes ou constituent les *bancs de sables*, si terribles pour la navigation.

Il se passe encore dans la mer un phénomène fort remarquable, qui est d'une importance considérable en géologie. Ce fait est celui de la formation des terrains nouveaux et spéciaux par l'agglomération continuelle d'animaux d'une espèce spéciale. Les polypiers (voir Zoologie), qui croissent généralement au fond des eaux, se multiplient quelquefois d'une manière prodigieuse. Dans un certain nombre de cas, ils vivent en masse, autour d'un centre, se développent continuellement sur les débris de leurs ancêtres et finissent par former des bancs puissants qui atteignent quelquefois la surface de la mer, d'autres fois s'arrêtent un peu au-dessous d'elle, et d'autres fois la dépassent. Outre les polypiers, il est d'autres animaux, les infusoires foraminifères, animaux si petits qu'il faut le microscope pour les apercevoir, qui se développent en quantité prodigieuse et constituent des couches puissantes par leurs débris.

Il existe un grand nombre de couches géologiques qui n'ont d'autre source que ces dernières ; tels sont les terrains connus sous le nom de *terre à polir*, de *tripoli*, de *farine fossile*, etc.

Ainsi les eaux, qu'elles soient douces ou marines, contribuent donc puissamment à modifier la surface du sol par leurs actions physiques, chimiques et mécaniques, et par la nature des productions auxquelles elles donnent lieu.

CHAPITRE III

Application des causes modificatrices actuelles aux faits anciens.

Il suffit de jeter un coup d'œil sur les résultats des transformations qui ont eu lieu aux époques passées pour se convaincre qu'alors comme aujourd'hui les actions modifiantes n'étaient qu'internes et externes, c'est-à-dire, n'étaient que des dislocations, des éruptions de matières fondues, des soulèvements, des affaissements et des résultats de l'action des eaux.

Ces causes modificatrices diverses produisaient donc, alors comme aujourd'hui, deux sortes de phénomènes : la formation de nouveaux terrains et l'arrangement de ces terrains.

D'après ce qui a été dit, on sait que les terrains sont, en nature, de deux espèces différentes : les uns, résultent de l'action des eaux, et sont toujours disposés en couches horizontales, ce sont les *terrains de sédiment*; les autres proviennent, soit des matières fondues primitives, soit des injections dans la masse refroidie de nouvelles matières centrales par les ouvertures des volcans, ce sont les *terrains cristallisés*. Enfin, il est une troisième espèce de terrains, également cristallisés, qui résultent de l'action des terrains fondus sur les terrains de sédiment, ce sont les *terrains cristallisés métamorphiques*.

Il y a donc trois espèces de terrains à examiner. Sur chacun d'eux nous allons parler.

CHAPITRE IV

Terrains de sédiment.

Les terrains de sédiment sont le résultat de l'action des eaux. Ils proviennent des dépôts formés au fond des mers. Les terrains de sédiment sont parfois d'un volume considérable, et d'autres fois aussi ils ont peu d'importance; mais au point de vue géologique leur composition a une plus grande valeur que leur étendue.

Quand on examine les terrains de sédiment anciens, on remarque qu'ils ont dû se développer dans des conditions générales autres que celles de notre époque. Les premiers ne renferment pas de débris d'êtres organisés, animaux ou végétaux, et dans ceux où l'on commence à les apercevoir on remarque qu'ils ont appartenu à des êtres situés au dernier degré de l'échelle de composition dans ces deux ordres.

On admet généralement que la terre fut primitivement liquide par suite d'une température énorme. Or, il est juste d'admettre, qu'aux premiers temps du refroidissement superficiel, l'eau qui se réduit en vapeurs à 100 degrés ne devait se rencontrer nulle part liquide et se trouvait en vapeurs mélangée avec l'atmosphère environnante. Cette atmosphère elle-même devait avoir une composition autre que la nôtre, car elle devait contenir tous les gaz qui, à ces hautes températures, ne peuvent rester engagés dans les combinaisons chimiques.

Quand la première pellicule solide fut assez refroidie pour permettre aux vapeurs aqueuses de passer à l'état liquide, l'eau résultant de leur condensation devait donc être à une température voisine de son point d'ébullition et contenir en grande quantité des gaz capables d'attaquer avec énergie les matières solides résultant du refroidissement.

Cette action corrosive des eaux est la cause des premiers dépôts de sédiment. Il est donc naturel de n'y pas rencontrer des détritus d'animaux et de végétaux.

Supportés par des couches brûlantes, ces premiers terrains de sédiment ont dû être modifiés profondément dans leur nature intime. Mais ces modifications n'ont pas dû être d'une bien longue durée, et l'époque où les êtres organisés ont pu se développer a dû arriver assez rapidement, grâce à la température assez élevée du sol.

Il est incontestable que les premiers temps de l'organisation et de la formation de l'écorce terrestre ont dû être une époque de bouleversements continuels; les modifications chimiques devaient avoir lieu avec une grande rapidité, et les changements dans la configuration être assez rapprochés.

Quoiqu'il en soit, à ces époques lointaines, les terrains de sédiment se disposaient comme aujourd'hui par couches horizontales, et si on ne les rencontre plus dans cette situation, cela tient uniquement aux bouleversements ultérieurs.

Cette disposition en couches parallèles ou *strates*, constitue le caractère essentiel et distinctif des terrains de sédiment, la *stratification.* Cette stratification peut être *horizontale* ou *inclinée.* Dans le premier cas, les couches ont conservé leur position première, dans le second, des soulèvements ou des affaissements sont venus les modifier.

Les différentes espèces de terrains de sédiment qui se sont superposés aux diverses époques géologiques peuvent être entre eux en *stratification concordante* ou en *stratification discordante.* La stratification est dite concordante entre deux dépôts successifs et différents, lorsque les couches de ces dépôts ont conservé leur parallélisme, quelle que soit d'ailleurs leur position horizontale ou inclinée que les bouleversements ultérieurs ont pu leur donner, et la stratification est discordante quand les couches d'un dépôt ont une direction ou inclinaison différente de celle des couches de l'autre dépôt.

Les couches sédimentaires, ainsi du reste que celles des terrains cristallisés n'ont pas seulement subi des soulèvements et des affaissements capables de faire varier leur direction ou inclinaison. On rencontre souvent des terrains qui ont été fracturés et dont une des parties s'est élevée ou abaissée de manière que les couches ne se continuent plus, et sont au contraire brusquement interrompues.

Ces fissures ont reçu le nom de *failles.*

Dans les *failles* les couches conservent quelquefois leur position horizontale, mais le plus souvent elles sont inclinées.

Fig. 6. — Failles.

Les failles dans lesquelles une des parois occupe un niveau de beaucoup différent de l'autre, sont un obstacle pour l'exploitation des mines. Mais dans certains cas, dans les houillères par exemple, cet inconvénient est compensé par des avantages réels.

Fig. 7. — Failles et Filon.

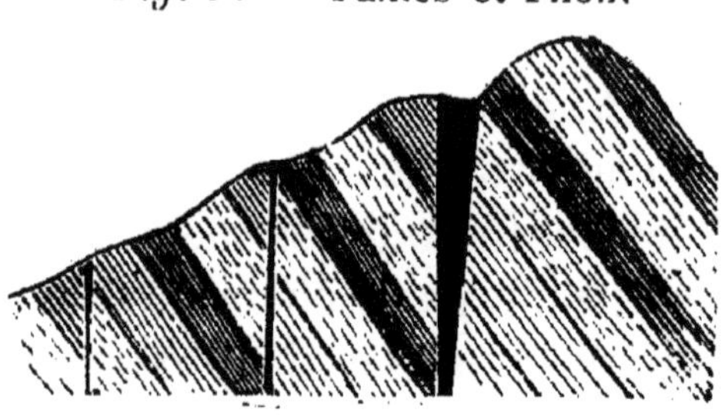

Il arrive souvent que les parois des failles sont situées à des distances plus ou moins grandes. Quelquefois ces fissures persistent longtemps, d'autres fois, elles se comblent assez rapidement de matières étrangères. Ces fissures ainsi comblées constituent les *filons*.

Certains filons proviennent de dépôts de sédiment formés par les eaux aux dépens des roches voisines, on a alors les *filons de dépôts*. D'autres, sont remplis par des matières fluides ou fondues qui proviennent de l'intérieur ; ce sont les *filons d'injection*. Dans les filons d'injection formés au milieu de terrains de sédiment, et voisins de la surface du sol, il arrive souvent que ces derniers sont désagrégés par les eaux et les agents atmosphériques. La matière des filons, qui est cristallisée et dure, résiste à ces actions variées et finit par se trouver à nu à la surface du sol. Ils constituent alors les dykes.

Ainsi qu'il a été dit plus haut, les terrains de sédiment renferment des débris d'êtres organisés.

Or, les couches successives, des différents terrains, présentent ce fait remarquable, que les êtres conservés en tout ou en partie ne sont pas généralement les mêmes dans des couches différentes. Plus les couches sont anciennes, plus les végétaux et les animaux diffèrent de ceux qui existent de nos jours, plus aussi leur organisation est simple. Au contraire, plus les couches sont récentes, plus ces êtres se rapprochent des nôtres et plus leur organisation est complexe.

C'est en étudiant les débris de ces êtres, en les comparant entre eux, en examinant les différents terrains constituant l'écorce terrestre et leur mode de formation que Cuvier a pu commencer à retracer l'histoire des révolutions du globe.

CHAPITRE V

Terrains de cristallisation.

Les terrains de cristallisation proviennent des matières fondues, qui sont à diverses époques sorties de l'intérieur de la terre. Les plus anciens proviennent du refroidissement primitif et constituent incontestablement la base, et la partie principale de l'écorce solide de notre globe. Ils ne présentent aucune trace de stratification et sont toujours réunis en masses compactes.

On n'y rencontre jamais de fossiles, quoique certains géologues prétendent avoir recueilli des gaz résultant de l'incinération de matières organiques, en faisant calciner du granit.

Ces roches sont sorties aux diverses époques géologiques du sein de la terre. Cependant c'est aux premiers âges du monde, qu'elles se sont montrées d'une manière plus générale et avec plus d'abondance. Il faut remarquer en outre que les terrains de cristallisation n'ont pas toujours été les mêmes. Les granits se sont montrés aux différentes époques; les roches amygdoloïdes également. Quant aux autres, elles sont apparues dans l'ordre suivant :

Porphyres, Diorites, Serpentines, Trapps;
Basalte;
Trachytes et Phonolythes.

Les roches de cristallisation se divisent en roches simples et en roches composées.

Les simples sont : le Quartz, le Feldspath, la Résinite, l'Obsidienne, la Serpentine, etc.

Les composées comprennent : le Granite, le Syénite, le Gneiss, le Diorite, le Basalte, le Trachyte, le Trapp, le Porphyre, le Micaschite, le Schiste talqueux, etc.

CHATITRE VI

Roches métamorphiques.

En parlant de la formation des premiers terrains de sédiment, il a été question de l'altération qu'ils ont dû subir en venant se déposer sur un sol brûlant. La chaleur et les actions chimiques ont dû, en effet, modifier non-seulement leur état physique, mais encore leur composition chimique. Plus tard, quand les couches de sédiment se formaient tranquillement, sans être altérées par les couches primitives brûlantes, elles n'en étaient pas moins pour cela sujettes à être modifiées par des injections postérieures de matières fondues. C'est ce qui bien des fois est arrivé. On rencontre en effet un grand nombre de dépôts de sédiment qui ne présentent plus ni leur aspect primitif, ni leur composition première; les roches plutonniennes les ont profondément modifiées; aussi on a vu des calcaires terreux devenir des calcaires compactes, des végétaux enfouis se changer en charbon, d'autres calcaires se changer en gypse, etc., etc.

Ces roches ainsi modifiées ont été appelées *roches métamorphiques*.

CHAPITRE VII

Composition de l'écorce terrestre; classification des terrains.

L'écorce terrestre se compose en général de deux espèces de terrains : les terrains de cristallisation ou *primitifs*, et les terrains de *sédiment*;

les premiers dépourvus de fossiles, et les seconds en possédant.

Les terrains de sédiment les plus anciens se présentent quelquefois en masses compactes et cristallisés par suite du métamorphisme ; d'autres fois, ils présentent la stratification et renferment des fossiles. Se montrant sous ces deux aspects, ils ont reçu le nom de *terrains intermédiaires* ou de *transition.*

Tous les terrains de sédiment supérieurs à ces derniers ont longtemps été rangés dans une même classe sous le nom général de *terrains secondaires.* Mais le besoin de séparer ces divers terrains qui ne se présentent pas partout fit rechercher de nouveaux caractères.

Les terrains secondaires de l'ancienne division furent alors partagés en trois classes : les *terrains secondaires*, renfermant des fossiles sans aucune analogie avec les êtres vivants actuels ; les *terrains tertiaires*, qui contiennent des fossiles ayant des analogies assez marquées avec ces mêmes êtres ; enfin les *terrains quaternaires*, qui contiennent souvent des êtres semblables aux espèces vivantes.

Cette classification des terrains est donc basée exclusivement sur les fossiles.

Quant aux terrains primitifs, leur dénomination n'est exacte que pour un certain nombre, car il en est, ainsi que nous l'avons dit, qui sont d'une époque bien postérieure à certains dépôts de sédiment.

Il nous est impossible d'entrer dans de grands détails sur ces diverses espèces de terrains. Nous nous contenterons de donner d'abord un tableau d'ensemble de ces terrains, après quoi nous signalerons les particularités les plus remarquables des plus importants.

CHAPITRE VIII

Ordre de superposition des principaux terrains.

Terrains quaternaires.	Alluvions anciennes.	
	id. modernes.	
Terrains tertiaires.	Terrain subapennin.	
	Terrain de molasse.	
	Terrain parisien.	
Terrains secondaires.	Terrain crétacé supérieur.	
	Terrain crétacé inférieur.	
	Terrain jurassique.	système oolithique.
		système du lias.
	Terrain du trias.	
	Terrain pénéen.	
	Terrain houiller.	
Terrains de transition.	Terrain dévonien.	
	Terrain silurien.	
	Terrain cumbrien.	
Terrains primitifs.		

CHAPITRE IX

Terrains primitifs.

Les terrains primitifs comprennent les roches dures, compactes, cristallisées, à grain plus ou moins fin. Le granit est celle qui se montre sur une plus grande échelle. Il semble être la base qui supporte tous les terrains. Dans une foule d'endroits, il se montre à nu ; dans d'autres circonstances, il est recouvert par différents dépôts de sédiment. En France, on le trouve en abondance dans l'Auvergne et le Limousin, dans les Pyrénées, la Bretagne et le département de la Manche.

Les basaltes se montrent d'une manière remarquable depuis la partie septentrionale de l'Auvergne jusqu'au delà de Montpellier et de Toulon.

Les granits sont beaucoup employés pour daller les trottoirs des grandes villes, et les porphyres servent aujourd'hui à faire des pavés de petit format, qui présentent des avantages réels sur les anciens pavés de grès.

CHAPITRE X

Terrains de transition.

Les terrains de transition se divisent en trois groupes : Le *terrain cumbrien* ou *terrain de tran-*

sition inférieur, le *terrain silurien* ou *terrain de transition moyen* et le *terrain dévonien* ou *terrain de transition supérieur* ou encore *terrain anthraxifère*.

Le *terrain cumbrien* tire son nom du pays de Galles (Cambria); il comprend des gneiss et des micaschistes, et renferme quelques fossiles, animaux et végétaux.

Le *terrain silurien* est principalement abondant en Angleterre dans l'ancien royaume des Silures. Il contient un grand nombre de fossiles fort différents des espèces vivantes. C'est de ce terrain qu'au sud d'Angers et dans les Ardennes on extrait des ardoises si estimées.

Le *terrain devonien* tire son nom du comté de Devon en Angleterre. Ce terrain est exploité pour ses mines abondantes d'anthracite. Il renferme beaucoup de fossiles curieux; des fougères et certains poissons qui avaient la tête et la partie antérieure du corps recouvertes de plaques osseuses qui constituaient une cuirasse assez compliquée. Nous représentons ci-joint l'un d'eux, le Pterichthys.

Fig. 8. — Pterichthys.

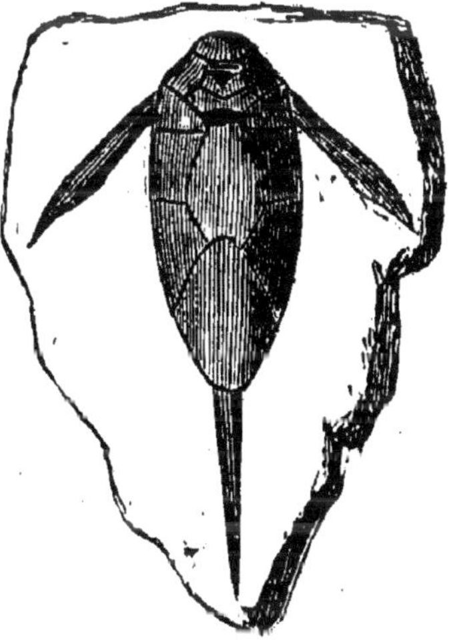

CHAPITRE XI

Terrains secondaires.

Les *terrains secondaires* se subdivisent en : *terrain houiller*, *terrain pénéen*, *terrain de trias*, *terrain jurassique* et *terrain crétacé*.

Le *terrain houiller* est remarquable par le combustible précieux qu'il fournit et qu'on exploite sur une grande échelle. Ce combustible, connu sous le nom de houille ou de charbon de terre, provient de la décomposition d'un nombre immense de plantes enfouies jadis au fond des eaux. Ces plantes atteignaient alors des hauteurs prodigieuses. A cette époque on a vu des poissons fort remarquables qui se rapprochaient un peu des reptiles ; des insectes et des scorpions presque semblables aux actuels. Nous représentons ci-joint un fragment de plante fort bien conservé trouvé dans le terrain houiller.

Fig. 9. Walchia Schlotheimii.

Le *terrain pénéen* est constitué par des grès formant des bancs puissants ; à cette époque apparurent quelques reptiles de la famille des Sauriens et des oiseaux dont on retrouve des empreintes à la surface des grès.

Le *terrain du trias* est ainsi nommé parce qu'il est constitué par trois formations principales. Il contient le *grès bigarré*, le ***calcaire conchylien*** et les *marnes irisées*.

L'étage inférieur, le grès, fournit de la pierre de taille, des meules, des dalles et des argiles excellentes. On y trouve une grande quantité de végétaux variés et des empreintes de pas, attestant la présence d'oiseaux et de batraciens de proportions gigantesques.

L'étage moyen renferme une quantité prodigieuse de coquilles, ainsi que des débris de crustacés et de sauriens.

Le terrain de Trias renferme souvent des quantités immenses de gypse ou pierre à plâtre, ainsi que des dépôts immenses de sel gemme.

Le *terrain Jurassique* tire son nom des montagnes du Jura qu'il constitue et est formé de deux parties principales, le système du Lias et le système Oolithique.

Le système du *Lias* contient des grès employés comme moellons, comme pierre de taille, et pour la construction des hauts fourneaux; des calcaires employés comme pierre de taille et comme chaux maigre; des gypses, des dépôts salifères et métallifères soit de fer, soit de plomb.

Le Lias renferme des débris de palmiers, de fougères, de conifères, ainsi que de nombreux fossiles d'animaux singuliers connus sous le nom de Ichthyosaures, Plésiosaures, Megalosaures, Ptérodactyles, dont l'organisation tenait à la fois des lézards, des crocodiles, des poissons et des mammifères.

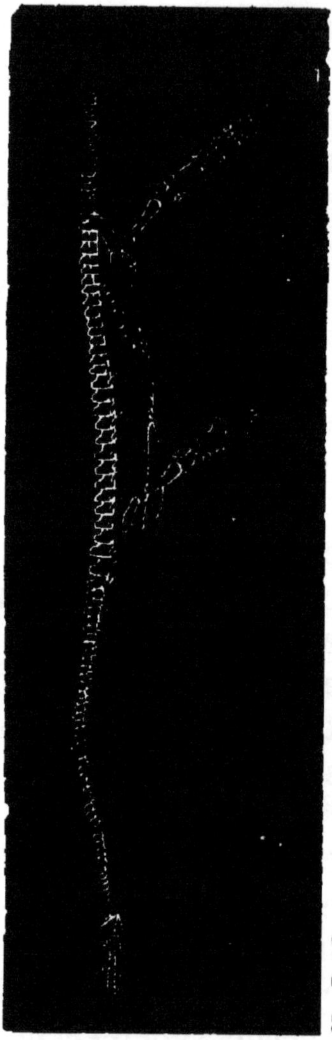

Fig. 10. — Plésiosaure commun.

La figure ci-jointe représente l'un d'eux, le Plésiosaure commun. Cet animal singulier n'avait pas moins de 10 mètres de longueur, il possédait la tête d'un lézard, les dents d'un crocodile, un cou énorme analogue à un corps de serpent, le tronc et la queue d'un quadrupède, les côtes d'un caméléon et les membres-nageoires d'une baleine. Cette construction bizarre a fait comparer le Plésiosaure à un serpent qui aurait une partie du corps caché dans la carapace d'une tortue.

Le système *oolithique* est composé de couches calcaires présentant la structure oolithique, c'est-à-dire, de couches formées d'une multitude de petits grains analogues à des œufs de poisson.

Dans les terrains constituant ce système, on trouve beaucoup de coquilles, des débris végétaux et les premiers fossiles de mammifères. Les mammifères étaient analogues à nos marsupiaux.

C'est des terrains oolithiques, qu'on tire à Solenhofen en Bavière, les pierres lithographiques si estimées sous le nom de pierres lithographiques de Munich.

Le *terrain crétacé* général contient deux étages : le *terrain crétacé inférieur* et le *terrain crétacé supérieur.*

Le terrain crétacé inférieur contient cinq étages nommés : *dépôts wealdiens*, *dépôts néocomiens*, *grès vert, craie verte, craie tuffeau.*

Les *dépôts wealdiens* sont constitués par des coquilles d'origine fluviatile, des bancs d'argile, des sables ferrugineux et des couches de boue. Cette formation renferme, outre une grande quantité de coquilles, des troncs de cycadées, de conifères, d'équisétacées et de fougères. On y trouve aussi des débris de poissons et de tortues, ainsi que divers sauriens, parmi lesquels se trouve le monstrueux iguanodon, dont la taille dépassait 20 mètres. On y trouve également des oiseaux, mais il est à remarquer qu'on n'y a jamais rencontré des débris de mammifères.

Les *dépôts néocomiens* sont constitués par des calcaires grossiers et compactes, des argiles, des sables et des amas de minerai de fer, ces dépôts renferment des fossiles caractéristiques.

Les *grès verts* renferment des sables ferrugineux, des calcaires et des sables contenant d'immenses quantités de grains verts.

La *craie verte* contient d'immenses dépôts calcaires renfermant encore des grains verts.

Enfin la *craie tuffeau* ne contient plus de grains verts. C'est une matière fort tendre, composée exclusivement de craie pure, d'abord fort tendre, mais qui se durcit à l'air, de manière à pouvoir être employée utilement aux constructions.

Dans ces trois dernières espèces de terrains, on trouve une quantité énorme de coquilles bivalves et des poissons sauroïdes, des calcaires carbonifères, et les sauriens aquatiques des terrains du Lias.

Parmi ces poissons, on trouve les vrais squales, dont quelques-uns on atteint des tailles vraiment prodigieuses. On possède des dents de plusieurs espèces qui ont dû atteindre, dit-on, jusqu'à 70 mètres de longueur.

Le *terrain crétacé supérieur* est constitué principalement par le calcaire terreux connu sous le nom de craie, qui contient une quantité infinie de coquilles microscopiques ou *foraminifères*. La craie de ces terrains est de plusieurs espèces ; on y trouve, en effet, la *craie marneuse*, la *craie blanche* ou *craie graphique* qui contient une grande quantité de silex pyromaque, et la *craie sableuse*. On y rencontre beaucoup de fossiles, coquilles, sauriens, cétacés, etc.

C'est dans cette formation qu'on a trouvé le saurien gigantesque connu sous le nom de Mosasaure de Maëstricht. Cet animal énorme atteignait 8 mètres de longueur et avait la tête prodigieusement développée.

CHAPITRE XII

Terrains tertiaires.

Les *terrains tertiaires* se partagent en trois groupes principaux connus sous les noms de *terrains tertiaires inférieurs* ou *terrains parisiens*, *terrains tertiaires moyens* ou *terrains de molasse*, et *terrains tertiaires supérieurs* ou *terrains subapennins*.

Le *terrain parisien* est constitué par différentes matières plutôt accolées que superposées, qui sont des sables, des argiles et des calcaires. Ces derniers terrains sont surtout abondants aux environs de Paris, tandis que les argiles se montrent principalement à Londres.

A Paris, les bancs calcaires ont des épaisseurs variables, et sont formés de matières calcaires plus ou moins dures et compactes. C'est d'eux que l'on tire les pierres de taille qui sont l'objet d'une exploitation importante. Ces calcaires reposent sur des argiles formant des bancs plus ou moins puissants qu'on exploite également au profit d'un grand nombre d'industries.

Le calcaire parisien renferme souvent une grande quantité de matière siliceuse qui constitue la meulière sans coquille exploitée pour la fabrication des meules de moulin. Enfin dans ce calcaire on trouve encore des dépôts abondants de gypse ou pierre à plâtre.

Les calcaires contiennent une foule de fossiles : des foraminifères en quantité prodigieuse, des coquilles qui constituent à elles seules des bancs puissants, enfin des débris de sauriens, de chéloniens, et surtout les fossiles remarquables sur lesquels Cuvier a appelé l'attention des paléontologistes. Ces fossiles appartiennent à la classe des Pachydermes. Ils sont connus sous les noms de *Palæotherium*, animaux voisins du tapir, dont la taille varie entre celle du lièvre et celle du cheval; *Anoplotherium*, qui tenait à la fois du rhinocéros, du cheval, du cochon, de l'hippopotame et du chameau.

Les argiles contiennent des conifères et de véritables palmiers.

Le *terrain de molasse* contient des grès de diverse nature et de qualité variable. Parmi eux se trouve le grès de Fontainebleau. Il est en énormes masses superposées. Les grès de Fontainebleau sont purs. Mais les grès de Montmartre et de Montmorency contiennent une grande quantité de coquilles.

Les terrains de molasse contiennent aussi du gypse, du sel et des dépôts d'oxyde de fer. On y trouve aussi, surtout dans le Languedoc, la Provence, la Suisse et l'Allemagne, des dépôts de combustible ou lignites, provenant de végétaux analogues aux palmiers. Parmi les coquilles qui vivaient à cette époque il est à remarquer que les dix-huit centièmes vivent encore de nos jours.

Parmi les mammifères, on trouve des Palæotherium, le Mastodonte, le Dinotherium géant, des rhinocéros, des hippopotames, des castors, des hyènes et des singes.

Fig. 11. — Dinotherium giganteum.

Le dinotherium avait une tête énorme, conformée d'une manière spéciale qui ne laisse aucun doute pour l'existence d'une trompe. La mâchoire inférieure possédait deux énormes défenses, recourbées vers le bas. On possède une tête dont les os mesurent 1 mètre 10. Cet animal a été rangé par la plupart des naturalistes dans la famille des proboscidiens.

Le mastodonte ressemblait beaucoup à l'éléphant par sa forme et par sa taille. Dans le principe, il possédait des défenses qui disparaissaient dans l'âge adulte. Cet animal a été rencontré dans tous les pays.

Le terrain *subapennin* est constitué par des lits de galets, de sables et d'argiles grossières, ainsi que de matières sableuses et calcaires contenant une grande quantité de coquilles. La moitié de celles qu'on y trouve vit de nos jours dans la Méditerranée.

A cette époque vivaient l'éléphant velu, le mastodonte, le rhinocéros, l'hippopotame, la hyène, le loup, l'ours, et des rongeurs, des ruminants et des oiseaux.

L'éléphant de cette époque est connu sous le nom de Mammouth ou d'Elephas Primigenius. Sa tête était plus grosse et plus large que celle de l'éléphant actuel ; en outre, ses défenses étaient plus longues, son corps était couvert de poils. En Sibérie, on a trouvé plusieurs individus tout entiers, chair et os, qui avaient été conservés par les glaces. Dans ce pays, les restes des mammouths se trouvent en telle abondance, que l'exploitation de l'ivoire de leurs défenses est devenue une véritable industrie.

CHAPITRE XIII

Terrains quaternaires.

Les *terrains quaternaires* comprennent les *alluvions anciennes* et les *alluvions modernes.*

Les *alluvions anciennes* ont été nommées aussi terrains diluviens ou *diluvium*, parce qu'on les croyait provenir du déluge universel. Mais le manque absolu de débris de l'industrie humaine et de fossiles humains vient détruire cette opinion. On y trouve encore, comme cela a eu lieu à Paris, des débris d'animaux qui n'ont jamais été vus dans la contrée, comme des éléphants, des rhinocéros, des mastodontes et le massif megatherium.

Les *alluvions modernes* sont les terrains que nous voyons chaque jour se former sous nos yeux. Ils comprennent les dépôts de sable, de limon, de tourbe, etc., etc. Ces dépôts contiennent tous les fossiles des animaux actuels et des débris de l'industrie humaine.

CHAPITRE XIV

Résumé.

Pour résumer ce qui vient d'être dit sur la composition de l'écorce terrestre et la nature des terrains qui la composent, nous donnons, en terminant, une figure représentant les principaux terrains dans leur ordre de succession, ainsi que les phénomènes principaux de la Géologie.

Nous ne nous étendrons pas davantage sur cette figure, le texte qui l'accompagne servant pour ainsi dire de tableau récapitulatif à tout ce qui a été dit sur la Géologie en général et les terrains en particulier.

Fig. 12.

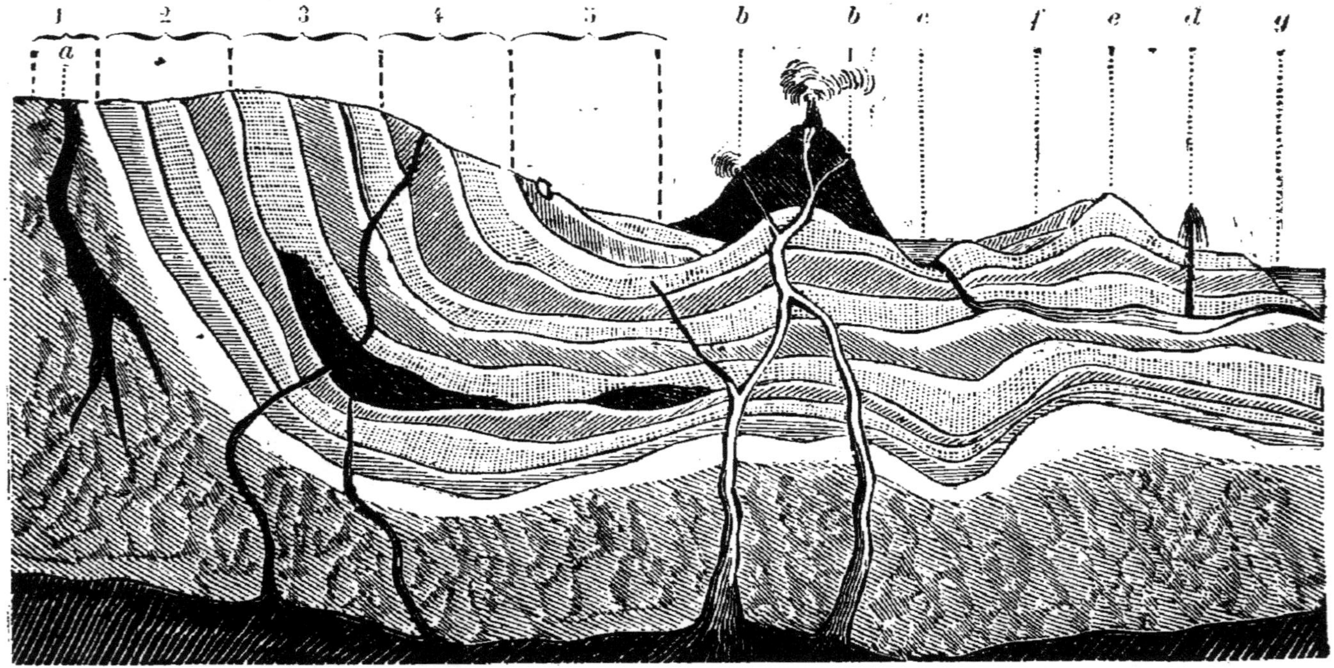

1 2 3 4 5 b b c f e d g

a

LÉGENDE EXPLICATIVE DE LA FIGURE 12

1 **Terrains primitifs.**
2 **Terrains de transition.**
3 **Terrains secondaires.**
4 **Terrains tertiaires.**
5 **Terrains quaternaires.**

---

a Filon.
b Volcan.
c Lac se déversant par un canal souterrain.
d Puits artésien.
e Couches sédimentaires soulevées.
f Stratification discordante.
g Mer.

APERÇU

SUR

LA MINÉRALOGIE

La Minéralogie est la science qui s'occupe des minéraux. Le professeur Delafosse dit : « Elle embrasse dans son objet la connaissance de leurs propriétés générales ; celle des caractères particuliers qui distinguent les différentes espèces les unes des autres, et les variétés de chaque espèce entre elles ; celle de leur gisement ou manière d'être dans la nature, comme aussi de leur emploi dans les arts et dans les usages de la vie ; enfin, celle de leur classification, ou de leur disposition dans un ordre méthodique rationnel propre à faciliter leur étude, et à faire ressortir leurs analogies, leurs dissemblances. »

Les minéraux sont tous les corps bruts ou inorganiques qui se sont formés dans le sein des couches terrestres sans être sollicités par les forces vitales ou les travaux de l'art. Il ne faut donc pas ranger parmi les minéraux, les corps bruts que l'on rencontre et qui ont pour principe des substances organiques, telles que le phosphate de chaux, la houille, l'anthracite, etc. Cependant dans ces considérations très-sommaires, nous dirons quelques mots de ces substances, dont l'usage est si répandu aujourd'hui dans l'industrie et l'agriculture.

Nous n'entrerons ici que dans quelques détails sur certains minéraux ou roches constituant l'écorce terrestre, minéraux ou roches qui sont journellement employés dans l'industrie commerciale ou artistique. Cependant, nous indiquerons en commençant les caractères principaux sur lesquels on se base en minéralogie pour distinguer les différents minéraux.

D'abord, les *caractères physiques* comprenant : la *forme extérieure* ou *configuration*. Cette espèce de caractères forme une branche à part de cette science, branche connue sous le nom de *cristallographie*. Elle s'occupe de la forme définie que les minéraux prennent en se développant. Les minéraux ainsi constitués sont nommés cristaux. Nous citerons ici seulement la forme que le sel marin et le sel gemme acquièrent en se déposant au sein des eaux mères, cette forme qui a pour base le *cube* est appelée trémie.

Fig. 13.
Trémie de sel marin.

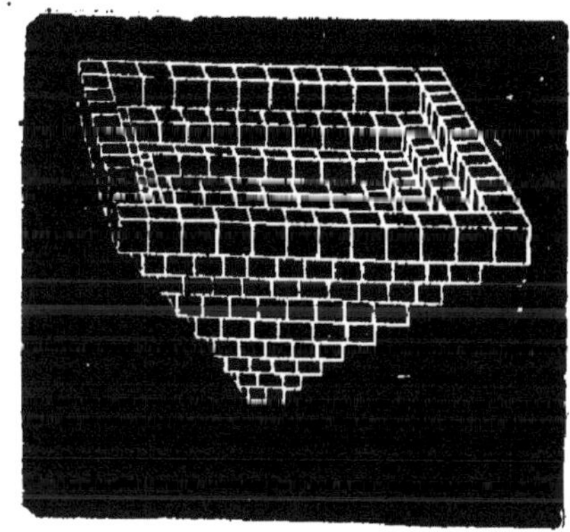

Il faut encore considérer dans les minéraux, les propriétés optiques, comprenant les couleurs soit propres, soit accidentelles, et les

effets qu'ils produisent sur la lumière lorsqu'elle peut les traverser; la pesanteur spécifique, la conductibilité pour la chaleur, et en dernier lieu les caractères chimiques.

Ces quelques notions générales une fois dites, nous entrerons immédiatement en matière en donnant quelques indications sur la chaux et ses composés, la houille, le diamant, le granit, le phosphate de chaux, l'ambre et le soufre.

Chaux.

La chaux ne se rencontre jamais dans la nature à l'état de pureté, on la trouve toujours combinée avec les acides, tels que : acide sulfurique, carbonique, phosphorique, fluorhydrique, arsénique, silicique, borique.

Le carbonate de chaux se présente sous un grand nombre de formes. Il constitue les marbres, les albâtres, les pierres à bâtir, les tufs, la craie, la pierre lithographique. Nous dirons ici seulement quelques mots sur les marbres.

Les marbres sont des calcaires compactes, durs, à grain fin et susceptibles de recevoir un beau poli. On en trouve dans tous les terrains, mais principalement dans les terrains secondaires et de transition.

Ils se divisent en quatre groupes. Les marbres simples, les marbres brèches, les marbres composés et les marbres lumachellés.

Les marbres *simples* ne renferment que du carbonate de chaux plus ou moins sali par des matières colorantes. Ils contiennent : les marbres blancs, dont les plus beaux sont ceux de Paros et de Carrare, on les désigne généralement sous le nom de marbre statuaire ; les marbres noirs de Namur, les marbres rouges d'Egypte ou marbres rouges antique, les marbres jaunes de Sienne, les marbres veinés, Sainte-Anne, bleu turquin, vert de Gènes, grand antique, incarnat ou de Languedoc.

Les marbres *brèches* résultent généralement de l'agglomération de fragments de diverses couleurs réunies par un ciment calcaire. On y distingue les marbres brèches, les brocatelles, le grand deuil et le petit deuil, la fleur de pêche.

Les marbres *composés* renferment une matière étrangère disposée soit en feuillets soit en nids. On y distingue le vert antique, le vert de Suze, le vert de mer, le vert de Florence et le Campan.

Les marbres *Lumachelles* renferment des débris de coquilles. On y trouve le drap mortuaire, le petit granit, la lumachelle d'Astrakan et celle de Narbonne.

Le *phosphate de chaux* provient de la décomposition d'ossements d'animaux ante-diluviens. On en trouve en France d'immenses dépôts qui sont une ressource précieuse pour l'agriculture.

Le *sulfate de chaux*, ou *gypse*, ou pierre à plâtre, se rencontre aussi en grande quantité. C'est lui qui, par la calcination donne le plâtre, matière si précieuse dans les constructions.

Les *carbonates de chaux* calcinés produisent la chaux, utilisée également dans la fabrication des ciments et des mortiers.

Houille.

La *houille*, ou *charbon de terre*, est une matière combustible qui se rencontre dans les terrains carbonifères situés à la base des terrains secondaires. Elle est le résultat de la décomposition d'une immense quantité de végétaux enfouis à des époques reculées au fond des bassins méditerranéens.

La *houille* se rencontre sous trois aspects : l'*anthracite*, la *houille* et les *lignites*.

L'*anthracite* est dure, compacte, d'un noir gris presque métallique.

Les *houilles* sont noires, luisantes, opaques et plus ou moins friables, elles s'allument avec facilité et brûlent avec flammes et fumée. Il y a des houilles *grasses* et des houilles *maigres*.

Les *lignites* sont de couleur plus ou moins brune et ont généralement la texture fibreuse des substances végétales.

Les lignites servent également de combustibles, mais ils développent une température peu élevée et donnent beaucoup de cendres.

Les houilles proprement dites étaient certainement inconnues aux anciens. Cependant, ils employaient les lignites. Ce n'est qu'au IXe siècle où l'on trouve d'une manière certaine des documents sur ce combustible précieux.

Diamant.

Le diamant est du charbon ou *carbone*, chimiquement pur et cristallisé sous une influence inconnue.

C'est le plus dur de tous les corps, sans en être le plus pesant. Il est extrêmement rare et occupe le premier rang parmi les pierres précieuses.

Fig. 14.

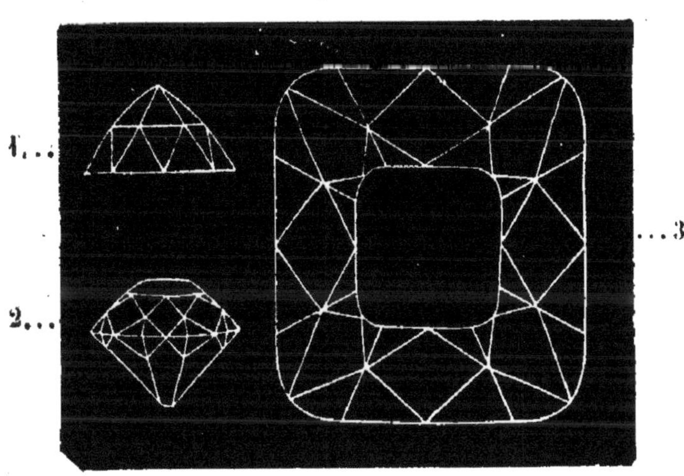

Nous donnons ci-joint des figures représentant : la première, la forme que les lapidaires appellent la rose; la deuxième, le brillant; et la troisième, la grandeur exacte du fameux diamant de la couronne de France connu sous le nom de Régent, qui est estimé à 12,000,000 de francs et qui fut acheté sous la régence du duc d'Orléans.

Granite.

Le granite est une roche composée de grains plus ou moins volumineux. Ce n'est donc pas un minéral, mais nous avons cru devoir le mentionner à cause de l'emploi journalier qu'on en fait.

Cette roche est susceptible d'un beau poli ainsi que le porphyre et peut être employée pour la décoration.

Le *kaolin*, ou terre à porcelaine, n'est autre chose que le résultat de la décomposition de certains granits.

Ambre.

L'ambre jaune est une *résine végétale* qui a subi dans la terre une modification spéciale et qui est devenue le minéral si employé aujourd'hui dans une foule de circonstances. Les dépôts les plus considérables sont sur les bords de la mer Baltique, mais on en trouve aussi en France.

Soufre.

Le soufre, qui est connu de tout le monde, se rencontre dans la nature, dans les terrains volcaniques et dans les terrains de sédiment qui avoisinent les sources sulfureuses.

On l'exploite principalement dans les environs des volcans, où il est à l'état de mélange avec les matières terreuses. L'Islande en produit de grandes quantités ; mais les soufrières de la Sicile sont les plus importantes du globe.

Comme cet ouvrage est exclusivement destiné aux enfants, nous avons cru utile de donner en terminant, quelques explications sur les termes scientifiques employés et l'indication des villes et des contrées dont il est fait mention.

PAGE 1. La *Zoologie* est la science qui s'occupe de l'histoire naturelle des animaux, de leur organisation et de leur classement en ordre méthodique, d'après les points de ressemblance ou de discordance qu'ils ont entre eux.

— La *Botanique* est la science qui s'occupe de l'histoire naturelle des plantes; elle traite de leur organisation et de leur classement, comme la Zoologie le fait pour les animaux.

PAGE 8. *Secteur.* Un *secteur de cercle* est la partie de la surface de ce cercle comprise entre deux rayons et la partie de la circonférence que ces rayons comprennent.

Un *secteur de sphère* est une partie du volume de cette sphère; il a la forme d'un *cône* ou *cornet*, dont la pointe ou sommet est au centre et dont la base repose sur la surface de cette dernière. Cette base est circulaire.

La coupe d'*un secteur sphérique* s'obtient en le séparant en deux parties égales en allant du sommet à la base comme on le fait pour un pain de sucre. Cette coupe est plate et a la forme d'un triangle dont les deux grands côtés sont droits et sont des rayons de la sphère et dont l'autre, celui opposé au sommet, est circulaire.

PAGE 9. *Ellipsoïde.* Tout le monde connaît l'ellipse qu'on appelle vulgairement ovale. C'est une figure qu'on pourrait appeler un *cercle long.* Un *ellipsoïde de révolution* est un corps déterminé par une ellipse qui tourne autour de son centre. Un ellipsoïde ressemble à une pomme qui est aplatie à l'endroit de la queue et à celui du nœud.

PAGE 10. Le *mercure* est un métal pesant, très-brillant, liquide à la température ordinaire; il ne devient solide qu'à la température de 40 degrés au-dessous de zéro.

PAGE 11. Le *thermomètre* est un instrument de physique, composé d'un réservoir de verre surmonté d'un tube de verre très-fin. Le réservoir contient du mercure ou de l'alcool, qui se dilatent, c'est-à-dire augmentent de volume quand la température augmente, et qui se contractent ou diminuent de volume quand la température diminue. C'est à l'aide de ces augmentations et de ces diminutions qu'on détermine le degré de la température.

PAGE 16. *Secondes.* Une seconde est la soixantième partie d'une minute, qui est elle-même la soixantième partie d'une heure : il y a donc 3,600 secondes dans une heure et 86,400 dans un jour.

PAGE 17. *Sicile.* La Sicile est une grande île de la Méditerranée située à la partie sud-ouest de la péninsule italique. C'est dans cette ile que se trouve le mont Etna, un des principaux volcans de l'Europe.

Lima. Ville principale du Pérou, contrée de l'Amérique du Sud, sur l'Océan pacifique.

Lisbonne. Capitale du Portugal, contrée de l'Europe, faisant partie de la péninsule hispanique, sur l'Océan atlantique.

Calabre. Partie méridionale de la péninsule italique.

PAGE 18. *Cumana.* Ville du Venezuelès, contrée du Nord de l'Amérique du Sud, sur la mer des Antilles. Elle possède une rade sûre et immense; elle date de 1523. C'est la plus ancienne des villes fondées par les Européens dans le Nouveau-Monde.

PAGE 19. *Vapeurs, gaz.* On appelle *vapeurs* des corps aériformes, c'est-à-dire ressemblant à l'air, provenant de corps solides ou liquides, réduits à cet état par suite d'une très-grande température; les *gaz*, au contraire, sont des corps analogues à notre atmosphère qui se trouvent toujours dans cet état.

PAGE 20. *Palma.* Ile de l'Afrique, faisant partie des îles Canaries, appartenant à l'Espagne. Elle est au Nord de l'île de Fer et possède un sol volcanique.

L'*Archipel* est un groupe d'îles qui se trouve entre la *Grèce* et la Turquie d'Asie.

PAGE 23. L'*Islande* est une grande île située dans la partie Nord de l'Océan atlantique; elle se trouve entre l'Europe et l'Amérique.

Java. Ile de l'Océanie, située dans la Malaisie, elle appartient à la Hollande; c'est une des plus riches colonies du monde.

PAGE 24. On dit qu'un terrain est d'*origine ignée*, lorsque les matériaux qui le composent ont été fondus pour s'unir.

PAGE 25. *Pholade*. Les pholades sont des animaux mollusques pourvus de deux coquilles, elles possèdent la propriété de pouvoir perforer les roches les plus dures, pour y demeurer.

La mer Baltique est une grande mer intérieure du Nord de l'Europe ; elle est située entre la Suède, la Russie, la Prusse et le Danemark.

PAGE 27. La *Perse* est un état de la partie occidentale de l'Asie.

PAGE 28. Le *Pô* est un des grands fleuves de l'Europe, il descend des Alpes, traverse le Piémont, la Lombardie, la Vénétie, et se jette dans la mer Adriatique.

PAGE 29. On dit que les vagues déferlent, lorsque les vents les envoyent avec impétuosité sur les rivages de la mer et qu'elles s'y déploient.

PAGE 30. Les *polypiers* sont des animaux qui, par leur organisation simple, se trouvent au dernier degré de l'échelle animale. C'est dans cette classe que se trouve le corail.

Page 31. Les *foraminifères* sont des animaux microscopiques, c'est-à-dire tellement petits qu'il faut des instruments grossissant beaucoup pour les apercevoir. Leur organisation est curieuse et varie beaucoup. Ils possèdent presque tous des parties dures et calcaires, qui ne se détruisent pas. Dans un gramme de sable des Antilles, on a compté jusqu'à 160,000 de ces petits êtres.

Page 32. On appelle *sédiment*, les matières minérales qui se trouvent en suspension dans l'eau et qui se déposent au fond par suite de leur poids ; *sédiment* vient d'un mot latin qui veut dire *tomber au fond.*

Les *terrains cristallisés* sont des terrains dont les matériaux ont été fondus par la chaleur et qui sous cette influence se sont séparés en une infinité de petits corps nommés cristaux qui possèdent des formes arêtées, et qui sont toujours les mêmes pour les mêmes corps.

Métamorphiques vient du mot métamorphose, qui signifie que les corps, tout en restant les mêmes comme composition, ont pris un aspect extérieur différent de celui qu'ils avaient d'abord par suite d'influences étrangères.

Page 34. *Strates* vient d'un mot latin qui signifie *couché.* Ce mot est synonyme de *couches.*

Page 38. On dit qu'une roche est *amygdaloïde*, lorsqu'elle possède dans son intérieur des parties qui ont la forme de noyaux ou d'amandes.

Page 43. *Anthraxifères.* Les terrains auxquels on donne cette qualification contiennent de l'anthracite, espèce de houille dure et brillante, qui brûle difficilement et donne beaucoup de cendres.

Le *pays de Galles* est situé en Angleterre, dans la partie Sud-Ouest.

Page 46. Les *mammifères* sont des animaux pourvus de poils, vivant généralement sur terre et munis d'appareils spéciaux pour allaiter leurs petits qui naissent toujours vivants. Il n'y en a que quelques-uns comme la baleine, le cachalot, le marsouin, le le phoque, etc., qui vivent au sein des eaux.

Les *marsupiaux* sont des mammifères inférieurs, dont les petits naissent informes ; la femelle possède sous le ventre une poche dans laquelle elle les met et où elle les allaite jusqu'à ce qu'ils soient complétement formés. Dans le premier âge, c'est dans cette poche qu'ils se réfugient à l'heure du danger.

Page 47. On appelle *coquilles fluviatiles*, celles qui vivent dans les fleuves et les rivières.

PAGE 48. ***Sauroïdes***. On appelle poissons sauroïdes des poissons qui par leur conformation se rapprochaient beaucoup des ***Sauriens***, famille d'animaux qui comprend les lézards, les crocodiles, etc.

Le ***silex pyromaque***, est ce qu'on appelle vulgairement pierre à fusil et qui servait autrefois à faire des briquets.

PAGE 57. On appelle *cube*, un corps solide, possédant six faces carrées, et qui a tous ses côtés égaux. Le dé à jouer est un cube.

PAGE 59. ***Paros***. Petite île de la Grèce, célèbre par ses carrières de marbre blanc servant à faire des statues. C'est avec ce marbre que furent exécutés les chefs-d'œuvre de sculpture que l'antiquité nous a légués.

Carrare. Ville d'Italie dans la province de Modène, dans les environs de laquelle se trouvent des carrières inépuisables de marbre blanc et bleu turquin. Ces carrières se trouvent dans le Mont-Sayro, et les derniers contreforts de l'Alpe Apinana.

TABLE DES MATIÈRES

NOTIONS GÉNÉRALES. 1
CHAP. Ier. Généralités sur la Terre. 3
II. Causes modificatrices de la surface du sol 15
Section I. § 1. Les tremblements de terre . . . . , . . . 17
§ 2. Les volcans. 23
§ 3. Soulèvements 30
Section II. § 1. Effets atmosphériques. 33
§ 2. Effets des eaux. 33
III. Application des causes modificatrices actuelles aux faits anciens . . . 31
IV. Terrains de sédiment. 32
V. Terrains de cristallisation 37
VI. Roches métamorphiques. 38
VII. Composition de l'écorce terrestre ; classification des terrains . . . 39
VIII. Ordre de superposition des principaux terrains 41

CHAP. IX. Terrains primitifs. 42
X. Terrains de transition 42
XI. Terrains secondaires 44
XII. Terrains tertiaires. 50
XIII. Terrains quaternaires 52
XIV. Résumé 53
APERÇU SUR LA MINÉRALOGIE. 56
Chaux 58
Houille. 60
Diamant 61
Granite 62
Ambre 62
Soufre 62
Notes explicatives 63

Imprimerie E. CORNILLAC, à Châtillon-sur-Seine.

www.ingramcontent.com/pod-product-compliance
Ingram Content Group UK Ltd.
Pitfield, Milton Keynes, MK11 3LW, UK
UKHW022111170726
13837UKWH00003B/1160

9 782329 315829